Sitzungsberichte
der Akademie der Wissenschaften
der DDR
Mathematik – Naturwissenschaften – Technik

16 N
1977

Rudolf Engst

Zum Reaktionsverhalten ausgewählter Fremdstoffe

AKADEMIE-VERLAG · BERLIN

Sitzungsberichte
der Akademie der Wissenschaften
der DDR
Mathematik — Naturwissenschaften — Technik

Jahrgang 1977 · Nr. 16/N

Rudolf Engst

Zum Reaktionsverhalten ausgewählter Fremdstoffe

AKADEMIE-VERLAG · BERLIN
1977

Vortrag von Prof. Dr. Rudolf Engst,
Zentralinstitut für Ernährung
der Akademie der Wissenschaften der DDR,
gehalten vor der Klasse Umweltschutz
und Umweltgestaltung
am 10. Februar 1977

Herausgegeben im Auftrage
des Präsidenten der Akademie
der Wissenschaften der DDR
von Vizepräsident Prof. Dr. Heinrich Scheel

Erschienen im Akademie-Verlag, 108 Berlin, Leipzig Str. 3—4

Lizenznummer: 202 · 100/370/77
Gesamtherstellung: VEB Druckhaus Köthen
Bestellnummer: 762 570 2 (2010/77/16/N) · LSV 1375
Printed in GDR
DDR 4,— M

Der Begriff „Fremdstoff“ — vor etwa 25 Jahren für den Lebensmittelsektor geprägt — wird heute auch für Industrie- und andere Umweltchemikalien in Anspruch genommen. Beide Quellen der Schadstoffaufnahme — die ernährungsbedingte und die nicht ernährungsbedingte — sind komplex zu sehen. Sie beeinflussen sich gegenseitig und machen die toxische Gesamtsituation aus. Fremdstoffe und ihr Reaktionsverhalten interessieren wegen der möglichen Schadwirkung, die sie auslösen können. Die Aufklärung ursächlicher Zusammenhänge ist Voraussetzung für ihre Beurteilung und die Eliminierung von Noxen. Hierfür sind aufwendige Untersuchungen notwendig. Sie reichen von der Erfassung relevanter Stoffe über ihre Dynamik — wobei in erster Linie an Abbau zu denken ist — bis zu metabolischen Studien, die die Modifikationen des Vorkommens aufzeigen, Modifikationen, die toxifizierende und detoxifizierende Stufen — letztere überwiegen — ausweisen und das toxikologische Tierexperiment bestimmen.

Das Ziel entsprechender Untersuchungen ist es, den Verbraucher vor Beeinträchtigung seiner Gesundheit zu schützen.

Man erwartet gewöhnlich vom Toxikologen Garantien im Sinne absoluter Sicherheit. Diese aber gibt es bei dem biologischen Phänomen „Mensch“ nicht. Was tatsächlich erwartet werden kann, ist die Unbedenklichkeit einer begrenzten Schadstoffaufnahme mit an Sicherheit grenzender Wahrscheinlichkeit. Ein nichtkalkulierbares Restrisiko muß getragen werden.

Im einfachsten Falle stellt sich die Wirkung eines Schadstoffes als Produkt dar von Einwirkungskonzentration und Einwirkungsdauer. Damit dürfte es keine unwirksame Konzentration geben, da man die Einwirkungsdauer bis zum Unendlichen — oder wenigstens über die ganze Lebensperiode — einkalkulieren kann. Diese Verhältnisse werden geändert, wenn eine Eliminierung des Schadstoffs infolge Ausscheidung oder Entgiftung während der Einwirkungsperiode gleichzeitig abläuft. Es besteht dann die Möglichkeit, Grenzkonzentrationen festzulegen, unterhalb derer Schadwirkungen als ausgeschlossen anzusehen sind.

Im zweiten Fall müssen wir nicht nur mit dem „Dosis sola venenum facit“, sondern sogar mit einem Umkehreffekt rechnen. Wir finden ihn bei zahlreichen Substanzen, besonders eindrucksvoll aber bei vielen Mineralstoffen bzw. Spurenelementen. So ist einerseits — z. B. für essentielle Spurenelemente wie Zn, Se, As, Cr, Mn und Cu — belegt, daß erhöhte Mengen über den physiologischen Bedarf hinaus, wie sie durch Umweltverschmutzungen zustande kommen, zu elementspezifischen Intoxikationen führen, während andererseits defizitäre Konzentrationen ebenfalls Schäden auslösen können. Mangelschäden wurden neuerlich sogar bei dem bisher als nichtessentiell und nur als toxisch angesehenen Blei beobachtet [1]. Das Toxizitätsverhalten derartiger Stoffe ist wie folgt zu charakterisieren. Von einem Mangel, der lebensbedrohlich und sogar tödlich sein kann, gelangt man mit steigenden Mengen zu Konzentrationen, bei denen zwar schon Mangelerscheinungen, jedoch ohne letale Effekte, beobachtet werden. Es schließt sich der physiologische und danach der toxische Bereich an, der bei konzentrierten Mengen in den letalen Bereich übergeht.

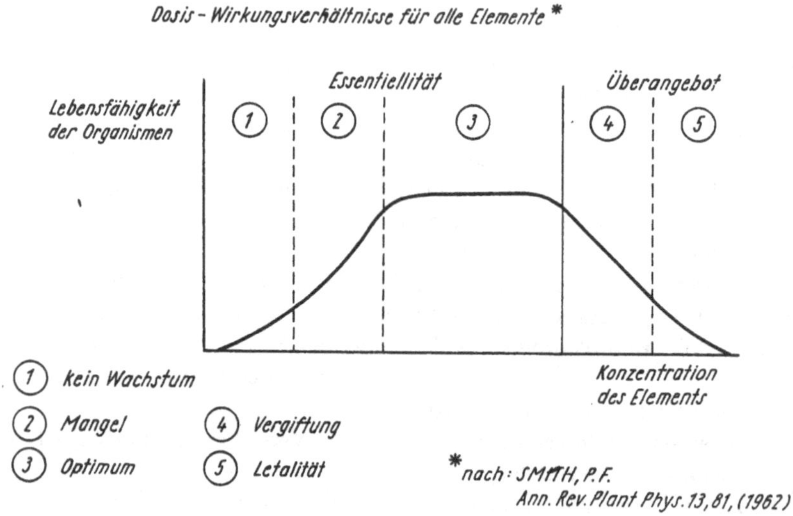

Abb. 1. Kurve der Toxizitätsentwicklung (Umkehreffekt) (2)

Besonders schwierig wird die Beurteilung bei cancerogenen und mutagenen Noxen. Bisher wurde allgemein die Auffassung vertreten, daß es hier zulässige, unschädliche Grenzdosen nicht geben kann. Man ging nämlich davon aus, daß diese Stoffe in molekularen Größenordnungen irreversible Schäden setzen und somit die einmal gesetzte Noxe wirksam bleibt. Einerseits ist es eine Utopie, sich z. B. völlig frei von cancerogenen Schadstoffen halten zu wollen. Sie sind umweltbedingt ubiquitär, kommen nativ in Lebensmitteln vor, und einige werden sogar endogen im physiologischen Geschehen gebildet. Andererseits wird auch die Auffassung vertreten, daß alle biologischen Strukturen zumindest in gewissem Umfang einer permanenten Erneuerung unterliegen. Sobald aber ein der biologischen Veränderung entgegengerichteter Vorgang abläuft, ist die Existenz einer wirkungsfreien Zone auch mathematisch zu begründen [3]. Damit ist zumindest eine Basis für die realerweise zu duldenden Grenzwerte auch von Schadstoffen gegeben, die wie Cancerogene und Mutagene zu den sog. „Summationsgiften" gehören, unbeschadet der Tatsache, daß ein derartiger Grenzwert nach dem heutigen Kenntnisstand nie eine Garantie im Sinne einer physiologischen Unbedenklichkeit darstellen kann.

Zur realen Einschätzung der Toxizität sind Einblicke förderlich in die Bildungskriterien bzw. den Chemismus, dem Wirkstoffe unterliegen, und auch Aufschlüsse zum Wirkungsmechanismus, der die toxischen Erscheinungen auslöst. Beide zusammen erleichtern die Einleitung begründeter Gegenmaßnahmen. Man muß einkalkulieren, daß häufig nicht die Schadstoffe in der ursprünglichen Form, sondern oft erst ihre Abbau- und Umwandlungsprodukte wirksam werden oder aber Verunreinigungen und Zwischenprodukte die Toxizität ausmachen.

Die Möglichkeiten der Veränderung von Schadstoffen und ihrer Bedeutung seien an einigen ausgewählten, recht unterschiedlichen Beispielen aufgezeigt, an Beispielen, die die schwierige Gesamteinschätzung des Reaktionsverhaltens nahrungsrelevanter chemischer Stoffe in der Biosphäre belegen sollen.

Unter den Insektiziden, die als Rückstände bei Nahrungsmitteln vorkommen und auch in anderer Weise von Menschen aufgenommen werden, spielen neuroaktive Verbindungen eine besondere Rolle. Innerhalb dieser Gruppe kann nach speziellen Wirkstoffgruppen unterschieden werden wie chlororganischen Kohlenwasserstoffen, die Effektoren der Ionenpermeabilität sind, Organophosphaten, die Anticholinesterasen sind, und Nicotinanalogen, die als Agentien für Nervenreceptoren gelten.

Chlororganische Insektizide

Die chlororganischen Verbindungen sind chemisch relativ reaktionsträge, aber durch im allgemeinen langwährende Residualwirksamkeit gekennzeichnet. Die innerhalb dieser Verbindungsklasse am besten untersuchten Insektizide sind DDT (Dichlordiphenyltrichloräthan) und HCH (Hexachlorcyclohexan), dessen γ-Isomeres als Lindan z. Z. in großen Mengen verwendet wird.

Der Metabolismus von DDT und auch der des Lindan gelten heute in ihren wesentlichen Stufen als aufgeklärt. Die Metabolismusstudien vermitteln Hinweise, aus denen das Verhalten dieser Wirkstoffe in der Umwelt und im Organismus verständlich wird. Im einzelnen lassen sich sämtliche Abbauwege für beide Wirkstoffe auf wenige Grundreaktionen zurückführen, nämlich auf

1. Dehydrochlorierungen
2. Reduktive Dechlorierungen
3. Hydroxylierungen und
4. Decarboxylierungen.

Dies sei am Abbaucyclus des DDT demonstriert, der von uns in Schimmelpilzkulturen gesichert und dessen wesentliche Stufen auch im Warmblüterorganismus, nämlich in der Ratte, belegt werden konnten [4, 5, 6].

Der Metabolismus des DDT z. B. führt im Endeffekt zu den wasserlöslichen Abbauprodukten DDOH (Dichlordiphenyläthanol), DDA (Dichlordiphenylessigsäure) und DCB (Dichlorbenzophenon). Wasserlösliche Substanzen können aus dem Organismus eliminiert werden. Mit der Beseitigung des Wirkstoffs wird in diesem Falle auch der toxische Effekt gegenstandslos. Bei der resistenten Körperlaus ist der schnelle Abbau zum DCB nachgewiesen und somit eine interessante biochemische Erklärung der Resistenz gegenüber dem DDT gegeben.

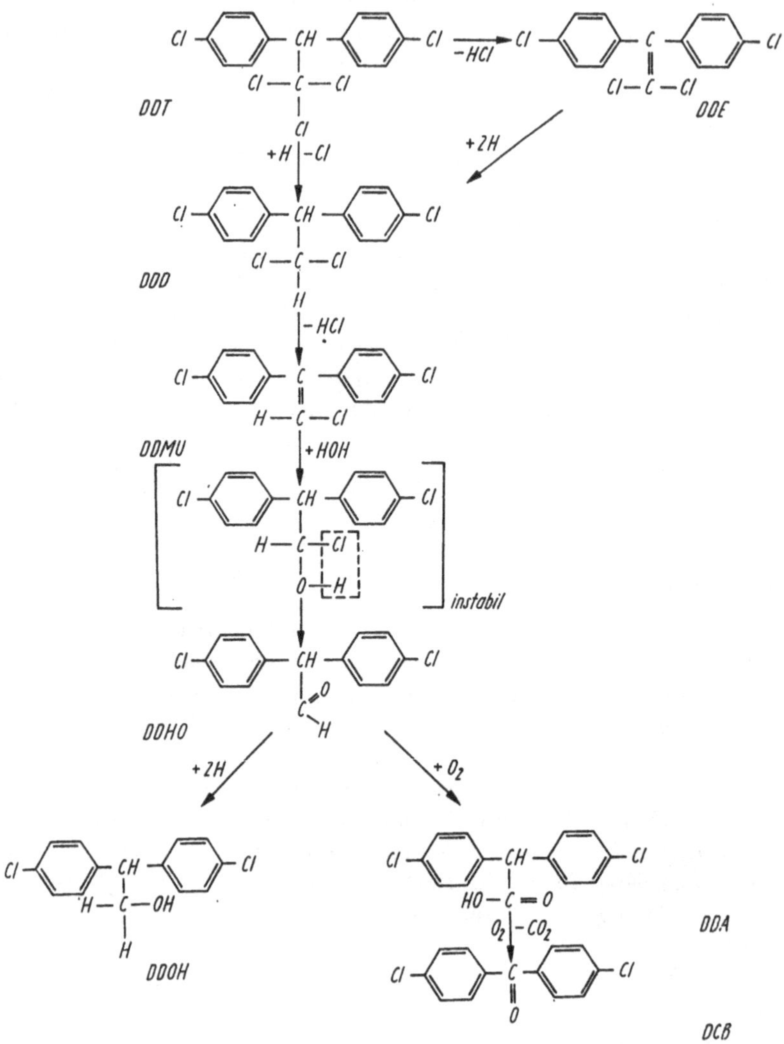

Abb. 2. Abbaucyclus des DDT

Im Warmblüterharn ist das Vorkommen geringer Mengen DDA festgestellt worden. Leider verläuft aber der Abbau im Warmblüter sehr zögernd und offensichtlich nur bis zu einem gewissen Gleichgewicht. Bei chlororganischen Verbindungen wie DDT ist die Toxizität der Abbauprodukte eindeutig von der Stellung in der Abbaukette abhängig. Im Falle des DDT ist der eingesetzte Wirkstoff, der am Anfang der Kette steht, die zu wasserlöslichen Produkten führt, tatsächlich der toxikologisch beachtenswerteste. Die Anhäufung der lipophylen Ausgangs- und Zwischenprodukte in der Umwelt, in fetthaltigen Nahrungsmitteln und nicht zuletzt im menschlichen Körperfett ist eine Tatsache. Man muß sich daher mit dem weitgehenden Verzicht auf diese Substanz, deren Einführung ein echter Fortschritt war und die ursprünglich der Menschheit Segen gebracht hat, vertraut machen.

Eine charakteristische Reaktion für den Abbau des DDT ist die Dehydrochlorierung. Im Falle des DDT führt sie zur Bildung des olefinischen Dichlordiphenyläthylen (DDE). Die DDT-abbauende Dehydrochlorinase konnte isoliert und charakterisiert werden. Ihre Wirksamkeit ist von der Anwesenheit reduzierten Glutathions abhängig [7].

Eine weitere wichtige Reaktion ist die reduktive Dechlorierung, bei der nach Abspaltung von Chlor dieses durch Wasserstoff ersetzt wird. Dieser Reaktionstyp ist beim Abbau des DDT zu Dichlordiphenyldichloräthan (DDD) erstmalig nachgewiesen worden.

Der exakte Nachweis einer Hydroxylierung des intakten DDT-Moleküls ist bisher nicht erbracht worden. Demgegenüber stellt die Decarboxylierung des DDT-Abbauproduktes DDA zu DCB zumindest bei Mikroorganismen den letzten Schritt des Abbauweges dar. Die HO-Gruppenbildung im wiedergegebenen Cyclus, die zu Dichlordiphenyläthanol führt, ist ja keine Hydroxylierungs-, sondern eine Disproportionierungsreaktion. Diese Reaktion ist auch im Warmblüterorganismus beschrieben, jedoch nicht mit letzter Klarheit dort belegt worden. Hier ist anscheinend die Konjugation des DDA gegenüber einer Decarboxylierung der bevorzugte Weg der Entgiftung und Ausscheidung.

Trotz umfangreicher Untersuchungen während des mehr als 30jährigen Einsatzes herrscht über den Wirkungsmechanismus des DDT bis heute noch nicht endgültige Klarheit. Es wurde schon früh versucht, seine insektizide Wirkung durch enzymatische HCl-Abspaltung und Bildung von DDE zu erklären. Für die Toxizität sollte danach die gebildete Salzsäure verantwortlich sein [8]. In jüngerer Zeit konnte aber auch gezeigt werden, daß Nerven ATP-ase bzw. ATP-benötigende Systeme, die für den Ionentransport in der Nervenzelle verantwortlich sind, von DDT in hohem Maße beeinflußt werden [9]. Es hat auch nicht an Versuchen gefehlt, die Wirkung des DDT durch physikalische Wechselwirkung mit Nervenmembranbestandteilen zu erklären. DDT soll auf Grund seiner Molekülform in intermolekulare Zwischenräume zylindrischer Lipoproteine eingelagert werden [10] und so den Ionentransport in den Zwischenräumen behindern.

Die Abbildung 3 zeigt, daß auf Grund der Molekülform das DDT ein Dreieck mit den p-Chlorphenylgruppen als stabilen Füßen bildet. Voraussetzung für die Wirksamkeit des DDT ist die freie Rotation dieser Gruppen. Durch Verhinderung der Rotation — dies geschieht z. B. durch Ausbildung der Doppelbindung im DDT — geht die insektizide Wirkung verloren. Deswegen ist das DDE im Gegensatz zu seinem Abbauprodukt DDD auch nicht mehr insektizid wirksam. Neuere Untersuchungen deuten übrigens auch auf die Bildung von „Charge-Transfer-Komplexen“ zwischen DDT und Nervensubstanz hin [11].

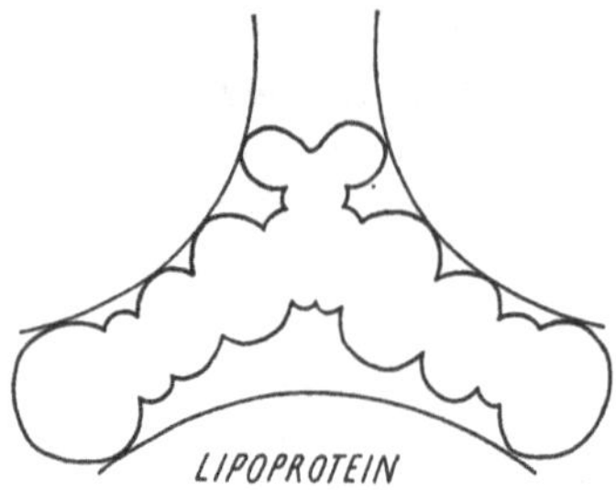

Abb. 3. Schema der intermolekularen Einlagerung von DDT in Zwischenräume der Lipoproteine (nach MULLINS)

Parallelen bestehen zum Reaktionsverhalten des γ-HCH (Lindan), das heute das DDT als Insektizid weitgehend ersetzt, obwohl sein Einsatz auch nicht bedenkenlos erfolgen sollte. Im Cyclus dieser Substanz dominieren Dehydrochlorierungen, reduktive Dechlorierungen und insbesondere Hydroxylierungen. Beim Lindan wird der Abbau durch eine Dehydrochlorierung eingeleitet, die zur Bildung des γ-Pentachlorcyclohexen führt [12]. Diese Verbindung stellt sich heute als Schlüsselsubstanz des Abbaus dar [13]. Reduktive Dechlorierungen bewirken den sukzessiven Ersatz der Chloratome in entstehenden Chlorphenolen bzw. Chlorbenzolen. Im Falle des Lindan ist die Hydroxylierung und damit die Ausscheidung als freies Chlorphenol bzw. als Konjugat ein bevorzugter Weg [14]. Die mikrosomale Hydroxylierung von Fremdstoffen ist schon längere Zeit bekannt. Für die Reaktion sind molekularer Sauerstoff und NADPH — reduziertes Nicotinamidadenin-dinukleotidphosphat — notwendig. Die Einführung von OH-Gruppen ist, obwohl sie zunächst zu akut toxischeren Verbindungen wie z. B. Pentachlorphenol führen kann, als Schutzmechanismus des Organismus anzusehen, da sie eine Ausscheidung durch Konjugatbildung ermöglicht. Hieraus resultiert die Tatsache, daß γ-HCH — obwohl akut toxischer als DDT — günstiger als dieses zu beurteilen ist. γ-HCH besitzt eine geringere Persistenz als DDT. Es bildet hydrophyle Metaboliten und wird zudem — begünstigt durch deren Struktur — nach Konjugatbildung besonders leicht aus dem Organismus ausgeschieden.

Nach den derzeitigen Erkenntnissen bieten sich ebenfalls mehrere Erklärungen zum Wirkungsmechanismus an. Bekannt ist, daß das Lindan das Nervensystem beeinflußt und, um wirksam zu sein, wie das DDT einen vollständigen Reflexbogen benötigt. Bekannt ist weiterhin, daß das toxische γ-Isomere auf Grund seiner Strukturparameter konfigurativ hierfür prädestiniert ist und somit in Nervenzwischenräume eingelagert werden kann [15]. Eine weitere Theorie, abgeleitet aus Struktur-Wirkungsbeziehungsstudien mit anderen Isomeren, führt die Wirksamkeit des Lindans auf das Vorhandensein elektronegativer Zentren im Molekül zurück. Das toxische Prinzip stellen danach physikalische Interaktionen mit dem Lindan innerhalb des Nervensystems an physiologisch wichtigen Stellen dar.

Phosphororganische Insektizide

Die heute in großem Umfang verwendeten phosphororganischen Pestizide gewinnen als Insektizide trotz bisweilen hoher akuter Toxizität bei dem weitergehenden Verzicht auf chlorierte Kohlenwasserstoffe noch an Bedeutung.

Insektizidwirksame phosphororganische Verbindungen sind Triester der Phosphorsäure. Sie enthalten prinzipiell einen aliphatischen oder aromatischen aciden Rest (A in Abb. 4). Diese Gruppe mit ausgeprägtem Säurecharakter im Molekül ist empfindlich gegenüber der alkalischen Hydrolyse. Dabei wird die P-O-Acyl- bzw. -Aryl-Bindung gesprengt und die saure Gruppe unter Bildung eines Diesters durch das Hydroxil-Ion ersetzt. Es findet eine nukleophile Verschiebungsreaktion am Phosphorylzentrum statt. Sie erfolgt mit hoher Stereospezifität und ist mit einer Umkehrung der Konfiguration am Phosphor verbunden [16]. Es ist wahrscheinlich, daß diese Reaktion über ein metastabiles, pentakoordiniertes Zwischenprodukt abläuft [17]. Durch diesen Reaktionsablauf geht die insektizide und auch die warmblütertoxische Wirkung verloren.

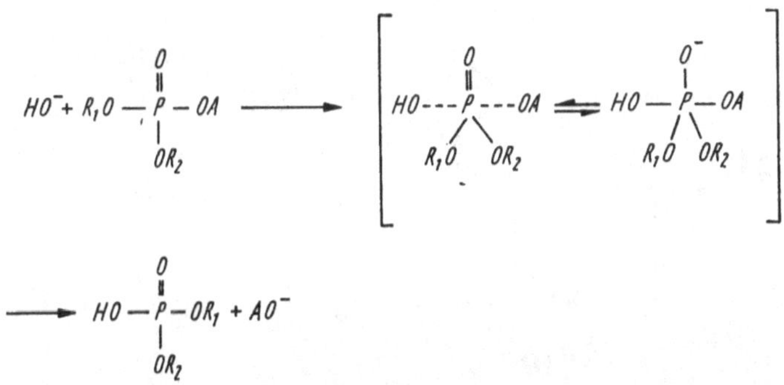

Abb. 4. Hydrolyse der Phosphorsäureester und Verschiebungsreaktion

Bei dem Phosphonsäureester „Trichlorphon" (Trichloroxyäthylphosphonsäuredimethylester) findet dagegen zunächst unter Einwirkung von OH-Ionen und Abspaltung von Chlorwasserstoff eine Umlagerung zu dem potenten Cholinesterasehemmer DDVP — Dimethyl-dichlorvinylphosphat — statt, der dann allerdings weiterhin der entgiftenden Hydrolysereaktion unterliegt. Im sauren Milieu weisen Phosphorsäureester im allgemeinen mit abfallendem pH eine steigende Hydrolysebeständigkeit auf. Auch hier bildet das Trichlorphon, bei dem unter diesen Bedingungen eine bevorzugte Spaltung der P-C- oder Phosphonbindung erfolgt, eine Ausnahme. Hierbei entsteht neben dem Dimethylphosphat Trichloracetaldehyd [18], (Abb. 5).

Eine weitere Reaktion der Phosphorsäureester basiert auf der Eigenschaft, in Gegenwart eines nukleophilen Agens eine Akylgruppe abzuspalten [19]. Ausgeprägt ist diese Reaktion besonders bei Dimethylverbindungen, jedoch kaum noch bei Diäthylverbindungen. Die entsprechenden Desmethylphosphorsäureester besitzen weder mehr nennenswerte insektizide noch andere toxische Wirkungen.

Katalysiert wird die Desalkylierung durch Enzyme, deren Aktivität glutathionabhängig ist [20]. Glutathion fungiert dabei als wesentlicher Methylgruppenakzeptor. Im Endeffekt werden dabei im Warmblüterstoffwechsel S-Methyl-Cysteinderivate gebildet, die mit dem Harn ausgeschieden werden können. Phosphonsäureester wie Trichlorphon sind im allgemeinen stärkere Alkylantien als die entsprechenden Phosphorthionate wie Parathion. Auf die Bedeutung der alkylierenden Eigenschaften von Phosphorsäureestern und insbesondere auf mögliche Beziehungen zu Mutagenese und Cancerogenese ist in neuerer Zeit eindringlich hingewiesen worden [19]. Die Auswirkung derartiger Effekte ist im Rückstandsbereich zwar kaum zu befürchten, wohl aber bei Direkteinwirkung der Verbindungen auf Menschen, die z. B. unter arbeitstoxikologischen Aspekten interessant werden kann.

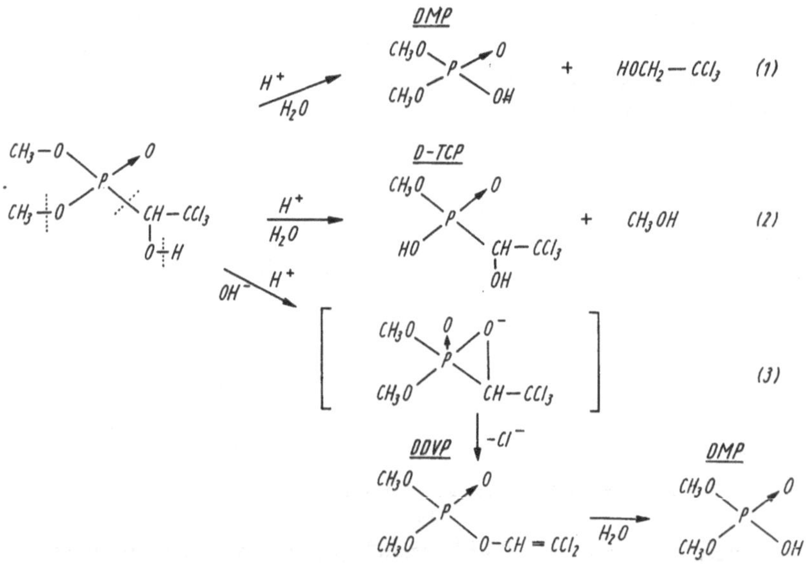

Abb. 5. Trichlorphonumlagerung (DDVP-Bildung)
DMP = Dimethylphosphat
D-TCP = Desmethyltrichlorphon
DDVP = Dimethyldichlorvinylphosphat

Weitere bedeutende Reaktionen im Metabolismus der phosphororganischen Verbindungen sind Oxydationen und Reduktionen. Besonders wichtig ist die Oxydation des meist doppelt gebunden vorliegenden Schwefels in der Thionophosphorylgruppe. Durch die Überführung der Thionoverbindungen in das entsprechende Sauerstoffanaloge, das Oxon, erfolgt nämlich erst die Bildung der cholinesterasehemmenden Form. Oxon ist für die Phosphorylierung des Enzyms Cholinesterase verantwortlich. Die Bildung der Oxone ist eine NADPH-abhängige Reaktion des mischfunktionellen Oxydasesystems der Mikrosomen [21]. Durch diese Phosphorylierung wird der enzymhemmende Effekt ausgelöst, der die insektiziden und auch außerordentlich warmblütertoxischen Eigenschaften dieser Substanzgruppe bedingt.

Die Vielfältigkeit dieser Verbindungsklasse schließt noch eine Reihe weiterer Reaktionsmöglichkeiten in den Metabolismus ein, auf die in diesem Rahmen nicht eingegangen werden soll.

Organoquecksilber

Quecksilber gilt als spektakuläres Umweltgift. Es gelangt in vielfältiger Weise in unsere Lebensumwelt. Industrieintensive Länder sind dabei besonders gefährdet. Als wichtige Umweltverschmutzer gelten die chemische Industrie, die Abwässer der Chloralkalielektrolyse und der Acetaldehydherstellung in die Hydrosphäre bringt, sowie der Pflanzenschutz und die holzverarbeitende bzw. Zellstoffindustrie, die quecksilberhaltige Fungizide bzw. Antischleimmittel verwenden. Nicht zuletzt bedürfen die Abgase der Kohleverbrennung der Berücksichtigung. Dabei wird im allgemeinen zu wenig beachtet, daß die wirkliche Gefahr nicht vom Quecksilber, sondern von den sekundär gebildeten Organoquecksilberverbindungen ausgeht.

Besondere Bedeutung kommt in diesem Zusammenhang der Methylierung von anorganischem Hg in der Umwelt zu. Durch quecksilberhaltige Katalysator-Rückstände der Acetaldehyd- bzw. Vinylchlorid-Synthese, die mit dem Abwasser direkt in das Meer geleitet worden waren, kam es in Japan zur Auslösung der Minamatakrankheit mit katastrophalen Folgen für zahlreiche Menschen. Als Vorstufe der hochtoxischen Methylquecksilber-Verbindung hatte sich in einer chemischen Reaktion bereits eine Aldehydverbindung gebildet. Oxydation zur Carbonsäure und nachfolgende Dekarboxylierung führte schließlich zur Freisetzung von Methylquecksilberchlorid [22].

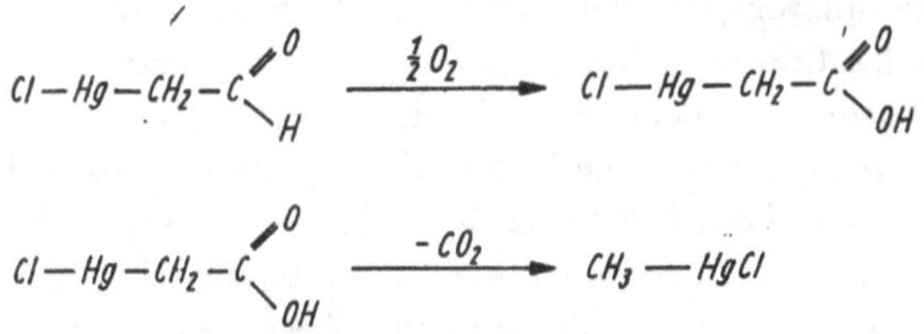

Abb. 6. Methylquecksilber-Bildung

Die Bildung von Methylquecksilber in der Umwelt kann sich auch enzymatisch in biologischen Systemen vollziehen. Voraussetzung hierfür ist das Vorhandensein geeigneter Substanzen für den Methylgruppentransfer. Modellverbindungen sind in diesem Sinne die Methylcorrinoid-Derivate, zu denen z. B. das Vitamin B_{12} (Cobalamin) gehört. Sie sind in der Lage, Methylgruppen als Carbanionen in anorganische Hg-Salze einzuführen [23], (Abb. 7).

Verschiedene anaerobe Clostridienarten synthetisieren Essigsäure aus CO_2 [24]. Bei dieser Synthese fungiert Methylcobalamin ebenfalls als CH_3-übertragendes

Coenzym. In Anwesenheit von Quecksilber entsteht dabei Methylquecksilber. Analoge Reaktionen sind auch bei der Methansynthese in anaeroben Ökosystemen möglich [22, 23]. Sie vollziehen sich vorwiegend in den Sedimenten von Seen und Flüssen. Besonders hohe Anteile an Organoquecksilber werden in Fischen gefunden, in denen etwa 85—98% des Gesamtquecksilbers als solches vorliegen. Mit diesen Beispielen sind die Möglichkeiten der Quecksilbermethylierung zweifellos nicht erschöpft. So können z. B. Methylsilikonderivate mit Quecksilber-II-Ionen in wäßrigen Systemen Methylquecksilber bilden [24].

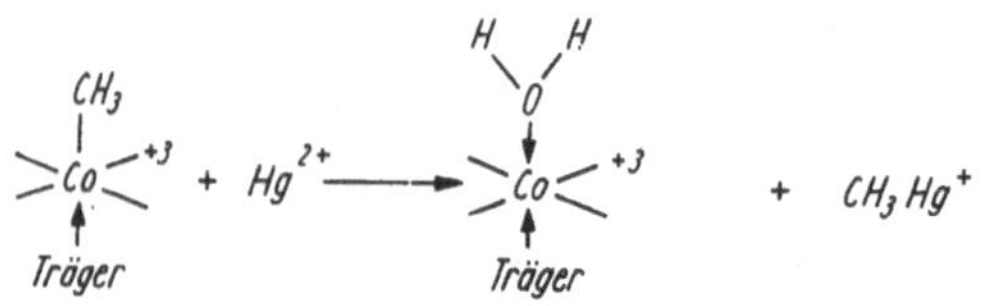

Abb. 7. Wirkungsort des Methylgruppentransfers (Beispiel Cobalamine)

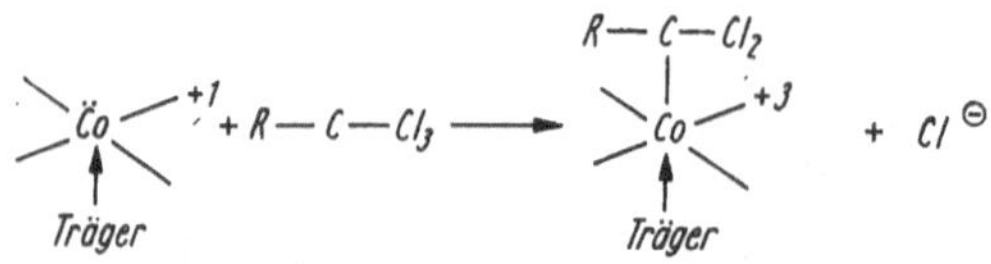

Abb. 8. Inhibierung der Methylierungsreaktion in Sedimenten

Bei gleichzeitiger Verunreinigung von Sedimenten mit anorganischen Quecksilberverbindungen und mit chlorierten Kohlenwasserstoffen werden erstaunlicherweise nur sehr geringe Quecksilbermengen vom Fisch akkumuliert. Dafür kommt es aber zu einer verstärkten Akkumulation von chlorierten Kohlenwasserstoffen in den Fischen. Dies ist darauf zurückzuführen, daß chlorierte Kohlenwasserstoffe die Methan- (und die Methionin-) Synthese irreversibel inhibieren [24], (Abb. 8).

Da die Toxizität von organisch gebundenem Quecksilber die von anorganischem weitaus übertrifft [25], entspricht die Entalkylierung bzw. Entarylierung einer praktischen Entgiftung von Organoquecksilberverbindungen. In biologischen Systemen laufen in Gegenwart verschiedener Substrate nicht nur Alkylierungs-, sondern auch Entalkylierungsreaktionen ab. Versuche an Weizenpflanzen zeigten in diesem Sinne, daß enthaltenes Organoquecksilber durch die Wurzeln — bei Reis und Bohnen auch von der ganzen Pflanze [26] — zersetzt werden kann, wobei die Zersetzungsgeschwindigkeiten vom Äthyl-Hg-Cl über n-Butyl-Hg-Cl und n-Propyl-Hg-Cl bis zum Methyl-Hg-Cl abnehmen [27]. Methylquecksilberverbindungen sind also besonders beständig. Thiolverbindungen wie Cystein und Glutathion beschleunigen die Zersetzung. Es wird angenommen, daß sie die Stabilität der Kohlenstoff-Quecksilberverbindung, die von der Art des Anions abhängig ist, in der organischen Verbindung verringern [28].

Ein ähnliches Reaktionsverhalten zeigen übrigens Organozinnverbindungen, insbesondere Trialkyl- bzw. Triaryl-Zinnverbindungen, die wegen ihrer bioziden Wirkung in zunehmendem Maße in Industrie und Landwirtschaft, aber auch in der Plastindustrie, Eingang gefunden haben.

Nitrosamine

Zu den bedenklichsten Schadstoffen, die Lebensmittel — und nicht nur diese — kontaminieren, zählen die Nitrosamine. Es handelt sich um Verbindungen der einfachen Grundstruktur

$$\begin{matrix} R_1 \diagdown \\ N - N = O \\ R_2 \diagup \end{matrix}$$

Als R_1 und R_2 in dieser Verbindung kommen Alkyl- oder Arylgruppen in Frage. Die meisten Nitrosamine sind stark cancerogen und lösen krebsartige Prozesse häufig organotrop aus, d. h., unabhängig vom Einwirkungsort an einem für die Substanz spezifischen Organ. Sie werden heute in Spuren in vielen Lebensmitteln, aber zweifelsohne nicht nur dort, festgestellt. Voraussetzung für ihr Vorkommen ist, daß primäre oder sekundäre Amine oder Amide mit Nitrosierungsmitteln zusammentreffen [29]. Sie finden sich nach dem Pökeln und Räuchern [30, 31] besonders in aminhaltigen Lebensmitteln wie Fischen. Nennenswerte Mengen wurden auch im Tabak [32] und vor allem im Tabakrauch [33, 34] angetroffen. Eine erhöhte Krebsgefährdung bei Aufnahme höherer Nitrosaminmengen erscheint epidemiologisch gesichert [29, 35, 36, 37].

Eine zusätzliche Gefährdung der menschlichen Gesundheit resultiert aus der Tatsache, daß bei Aufnahme von Nitrit unter Bedingungen, wie sie im Magen gegeben sind, sekundäre Amine und Amide zu entsprechenden Nitrosoverbindungen umgesetzt werden können. Nitrit ist nicht nur — wie in Pökelsalzen — in geringen Mengen ein geduldeter Zusatzstoff. Es entsteht zusätzlich auch in vivo durch bakterielle Reduktion des relativ untoxischen Nitrats, das als Bestandteil von Nahrungsmitteln täglich aufgenommen wird [38]. Gefährliche, überhöhte Mengen an Nitrat befinden sich bisweilen in ungeeigneten Trinkwässern und in Gemüse wie Spinat, der auf überdüngtem Boden angebaut wurde.

Die Darstellung von N-Nitroso-Verbindungen gelingt sehr leicht aus sekundären Aminen, N-Alkyl- oder N-Arylacylamiden in saurem Medium nach Zugabe von Nitrosierungsmitteln. Diesen Grundprinzipien folgt auch die Bildung in organischen Medien.

Im einzelnen sind für die Nitrosierungsreaktion die folgenden Kriterien entscheidend:

- Die Ausbeute an N-Nitroso-Verbindungen hängt von den Substrat-Konzentrationen ab: Überschuß eines Reaktionspartners (insbesondere des Nitrosierungsmittels) erhöht die Umsetzung [39].
- Die Ausbeute hängt weiterhin von der Reaktionstemperatur ab: die Nitrosaminbildung wird bei Temperatursteigerungen in der Regel beschleunigt und die

Ausbeute erhöht. Bei Nitrosamiden dagegen muß bei erhöhter Temperatur in zunehmendem Maße mit Neben- und Zersetzungsreaktionen gerechnet werden. Erhöhte Reaktionstemperaturen spielen für die Entstehung von Nitrosaminen bei der Bearbeitung und Aufbereitung von Lebensmitteln eine Rolle [40].

- Eine Verlängerung der Reaktionszeit führt zu einer höheren Umsetzung. Die limitierte Reaktionszeit ist bei der endogenen Bildung im Magen ein begrenzender Faktor. Bei der Herstellung und Lagerung nitritbehandelter Lebensmittel ist die Möglichkeit verlängerter Reaktionszeiten einzukalkulieren [41].
- Die Nitrosierungsreaktion ist eindeutig pH-abhängig: Bei Nitrosierungen in wäßrigem Medium mit Nitrit ist saurer pH notwendig, um aus dem Nitritanion über salpetrige Säure das eigentlich nitrosierende Agens — N_2O_3 — freizusetzen.

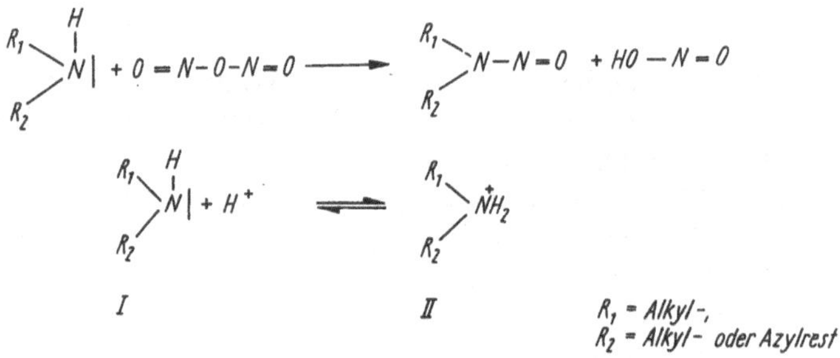

Abb. 9. Schema der Nitrosierung

Für die Nitrosierung des Amins ist nur die freie Base (I), nicht aber deren protonisiertes Salz zugänglich (II) [34]. Somit gibt es bei der Nitrosierung eines Amins mit Nitrit bzw. Stickoxiden ein pH-Optimum, bei dem die Freisetzung des Nitrosierungsmittels gesichert sein muß, die Base aber noch nicht protonisiert ist. Dieses Optimum kann in Abhängigkeit von der Aminoverbindung leicht differieren. Es liegt aber in der Regel bei pH 2,5 bis 3,5 [42, 43]. Dies erklärt, warum Aminoverbindungen in der Regel leichter nitrosiert werden, wenn sie weniger basisch sind. Aus diesem Grunde führt umgekehrt die gleichzeitige Gabe der stark basischen Amine Diäthylamin [44] und Piperidin [45] zusammen mit Nitrit nicht zu Tumoren im Versuchstier, weil es offensichtlich gar nicht zur Nitrosaminbildung kommt.

Reaktionsgeschwindigkeit und Ausbeute der Umsetzung können wesentlich von Katalysatoren der Nitrosierungsreaktion beeinflußt werden. Halogenoide und insbesondere das Pseudohalogenid Thiocyanat wirken stark katalytisch, wahrscheinlich durch Bildung der hoch reaktiven Nitrosylhalogenide. Chlorid ist im Magensaft in Form von Salzsäure vorhanden. Rhodanid ist in Konzentrationen von etwa 10—35 µg/100 ml normaler Bestandteil des menschlichen Speichels, bei Rauchern ist die Menge noch höher. Der menschliche Organismus verfügt demnach selbst über die notwendigen Katalysatoren [38, 40].

Nach den derzeitigen Auffassungen wirken die N-Nitroso-Verbindungen selbst nicht cancerogen; sie sind präcancerogen. Die cancerogenen Wirkformen von Nitrosoaminen und Nitrosoamiden werden erst im Organismus durch chemische Umsetzungen gebildet. Während Nitrosamide durch Verseifung oder Desaminierung leicht in die reaktive Form übergeführt werden können, sind bei den Nitrosaminen dazu enzymatische Prozesse notwendig [29]. Das aus den Nitrosaminen und Nitrosamiden nach dem Diazoalkanmechanismus entstehende „proximale Carcinogen" wäre ein Alkyl-Kation. Dieses Kation ist durch das Elektronendefizit am Kohlenstoff außerordentlich reaktionsfähig und wirkt daher als elektrophiler Substituent [46].

Es reagiert mit allen Molekülen, die Atome mit hoher Elektronendichte aufweisen. Dies trifft zum Beispiel beim Guanin mit in 7-Stellung stehendem Stickstoff zu, in geringerem Umfang auch beim Cytosin und Adenin [47]. Zunächst schien eine direkte kausale Verknüpfung zwischen Veränderungen dieser Erbinformation tragenden Nukleinsäuren und der resultierenden malignen Entartung gegeben. In der Folgezeit zeigte sich aber, daß zwischen dieser Alkylierung und der Cancerogenese nicht unbedingt eine Korrelation bestehen muß. Nach Applikation z. B. von N-Nitrosodimethylamin und Nitrosopiperazin bei Regenbogenforellen, die Nitrosamine nicht oxydativ metabolisieren können, wurden zwar heftige cancerogene Prozesse ausgelöst; es wurde aber kein 7-Methylguanin gefunden [48]. Es ist somit noch nicht sicher, welches die eigentlichen Wirkformen von Nitrosaminen und Nitrosamiden sind. Man kann gegenwärtig auf Grund der Struktur einer verdächtigen Verbindung nicht automatisch auf den Grad ihrer Gefährlichkeit schließen, und deshalb ist man — wenn man diese feststellen will — nach wie vor auf zeitraubende Tierversuche angewiesen.

Nach neueren Hinweisen kann die Nitrosaminbildung durch Ascorbinsäure gehemmt werden. Der Mechanismus dieser Hemmung ist jedoch noch nicht befriedigend geklärt und das Ausmaß dieser Hemmung offensichtlich bei einzelnen sekundären Aminen unterschiedlich. Vermutlich entsteht dabei aus dem Nitrit Hydroxylamin [32, 49].

Zusatzstoffe

Die bisher erwähnten Verbindungen waren unter die Kontaminanten einzureihen, also unter die Substanzen, die durch Umwelteinflüsse auf Lebensmittel gelangen, in diesen entstehen und bisweilen auch in anderer Weise in die menschliche Lebenssphäre gelangen. Die Betrachtung zum Reaktionsverhalten der Fremdstoffe wäre unvollkommen, wenn eine weitere Quelle der Schadstoffaufnahme unberücksichtigt bliebe, nämlich die der Zusatzstoffe im Lebensmittelverkehr. Ihre Verwendung unterliegt im allgemeinen strengen gesetzlichen Bestimmungen. Bewußt der Nahrung zugesetzt, kann man sie vor dem Einsatz toxikologisch testen und dafür Sorge tragen, daß derartige Stoffe nur verwendet werden, wenn die angewendeten Mengen eine Gefähdung der Verbraucher nicht zulassen.

Doch immer mehr werden Unsicherheiten offenbar, die die Anwendung derartiger Stoffe komplizieren. Hat man sich früher mit der Testung des eigentlichen Wirkstoffs begnügt, so weiß man heute, daß auch hier das Reaktionsverhalten dieser Stoffe — Metabolismus, Zwischenprodukte und Verunreinigungen — viele Probleme bringt, den Einsatz kompliziert und oft nach längerer Verwendung neue Erkenntnisse offenbar und veränderte Beurteilungen notwendig werden. Hierfür gibt es viele Beispiele, z. B. bei Farbstoffen, Konservierungsmitteln, Aroma- und Füllstoffen. Besonders diskutiert werden aus verschiedenen Gründen heute die künstlichen Süßstoffe. Ihre Bedeutung in der Diätetik liegt auf der Hand, ihr erwünschter kaloriensparender Effekt ebenfalls. Viele Dutzend intensiv süßschmeckender Stoffe wurden gefunden und als Süßstoffe in Erwägung gezogen. Dennoch fehlt bis heute der Idealsüßstoff, der gleichermaßen toxikologisch unbedenklich und damit gesundheitlich einwandfrei sowie vom technologischen Gesichtspunkt und Gebrauchswert her uneingeschränkt verwendbar ist. Auch hier konnten in einigen aktuellen Fällen durch das Tierexperiment ausgelöste Bedenken durch das Studium des Reaktionsverhaltens weitgehend begründet werden. In den Vordergrund des Interesses rückte das Süßstoffproblem durch Diskussionen um das Natriumcyclamat.

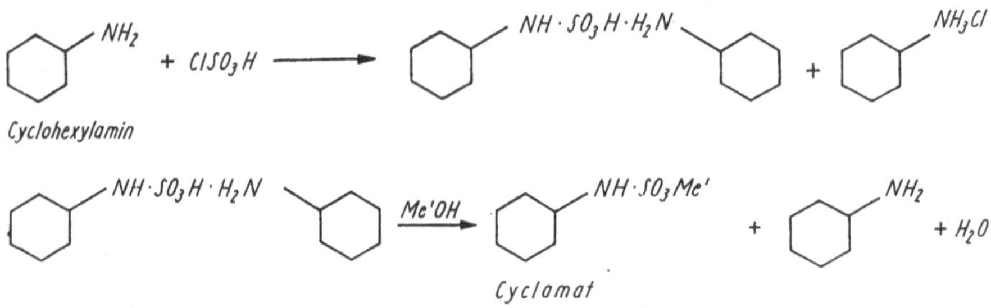

Abb. 10. Cyclamatsynthese

Diese relativ einfach aus Cyclohexylamin und Chlorsulfonsäure [50] bzw. Amidosulfonsäure zu synthetisierende Verbindung [51] gewann durch ihre anwendungstechnischen Vorteile — zuckerähnliche Süße, Koch- und Backbeständigkeit — in den sechziger Jahren schnell große Bedeutung. Sie wurde, da Anzeichen einer akuten Toxizität fehlten, im Großen — z. B. in den USA, aber auch in fast allen westlichen Ländern, nicht aber in der DDR — eingesetzt. So war in den USA ein Großteil der Getränkeproduktion auf dieses Süßmittel eingestellt worden. 1969 wurden jedoch durch Untersuchungen in den amerikanischen Abott-Laboratorien cancerogene Effekte nachgewiesen [52]. Die damaligen Befunde gelten heute als anfechtbar. Sie sind nach der derzeitigen Auffassung auf eine fehlerhafte Versuchsführung und falsche Beurteilung zurückzuführen.

Heute sind die Bedenken gegenüber dem Cyclamat hinsichtlich einer carcinogenen Wirkung weitgehend ausgeräumt. Dennoch ist an diesem Süßstoff ein Makel hängengeblieben, der sich heute auf embryotoxische Effekte konzentriert. Mögliche mutagene Wirkungen sind stärker in den Blickpunkt des Interesses gerückt [53]. Dabei stellte sich heraus, daß nicht der Süßstoff selbst, sondern der Grundkörper der Synthese, das Cyclohexylamin, der suspekte Bestandteil ist. Bei der Synthese geht ein Teil des Cyclohexylamins nicht in die Umsetzungsreaktion ein, wie die

Abbildung zeigte. Dies ist der Grund dafür, daß sich Cyclohexylamin als Zwischenprodukt oder Verunreinigung in wechselnden Mengen im Süßstoff selbst findet. Cyclohexylamin ist jedoch nicht nur Ausgangs- und Zwischenprodukt der Synthese, sondern auch ein Stoffwechselprodukt des Cyclamats im tierischen und menschlichen Organismus [54]. Die bekannt gewordenen Zweijahresrattentests mit einem Gemisch aus Cyclamat und Saccharin [52] wiesen aus, daß einige Tiere „Konverter", also Umwandler von Cyclamat in Cyclohexylamin waren. Cyclohexylamin muß also nicht von vornherein als Verunreinigung vorliegen. Mit seinem Auftreten ist daher auch dann zu rechnen, wenn durch eine saubere Technologie ein praktisch cyclohexylaminfreies Cyclamat hergestellt würde. Dicyclohexylamin, Cyclohexanon, Cyclohexanol u. a. kommen im Cyclamat ebenfalls vor [55], da sie aber mengenmäßig weit hinter dem Cyclohexylamin zurücktreten, steht meist nur dieses im Blickpunkt des Interesses.

Durch Cyclohexylamin sind in vielen Fällen an Kulturmedien Chromosomenbrüche nachgewiesen worden [56]. Sie waren weitaus häufiger als solche durch Cyclamat. Derartige Tests können wohl Hinweise, aber keine endgültigen Beweise liefern. Nicht umsonst läßt die WHO bei der lebensmitteltoxikologischen Einschätzung von Fremdstoffen, die mit der Nahrung aufgenommen werden, nur die Ergebnisse von Fütterungsversuchen an Säugetieren als Bewertungsgrundlage gelten. Das Vorkommen von Cyclohexylamin im Cyclamat, vor allem aber die inzwischen durch Tierversuche belegte Entstehung im Organismus, sind daher die wichtigsten Gründe dafür, daß Cyclamat wegen möglicher embryotoxischer Effekte für Kleinstkinder, Schwangere und Stillende als bedenkliche Substanz einzustufen ist. Eine uneingeschränkte Anwendungsempfehlung des Cyclamats als Süßungsmittel, die diesen Personenkreis einschließt, ist auch in Zukunft nicht zu erwarten.

Beim Betrachten der chemischen Strukturen von Cyclamat und Cyclohexylamin drängt sich der Vergleich mit den Azofarbstoffen auf. Einige der nicht durch saure Gruppen substituierten und darum fettlöslichen Azofarbstoffe sind carcinogen, ihre sulfonierten oder carboxylierten, wasserlöslichen Derivate sind es dagegen nicht [57]. Der Vergleich mag detaillierten wissenschaftlichen Überprüfungen nicht standhalten, interessant ist er aber auf jeden Fall.

Saccharin

Verunreinigungen spielen auch beim Saccharin eine größere Rolle. Der Verlauf der Saccharinsynthese ist aus Abb. 11 ersichtlich.

Unterschiedliche Ergebnisse bei Zweijahresfütterungsversuchen mit Saccharin gaben Veranlassung, die verwendeten Saccharinpräparate auf Verunreinigungen zu untersuchen. Man fand als Hauptverunreinigungsprodukt o-Toluolsulfonamid, eine Zwischenverbindung der Saccharinsynthese nach dem Remsen-Fahlberg-Verfahren, in Mengen um 300 mg/kg; in Einzelfällen wurden aber auch mehr als 5000 mg/kg gefunden [58].

Eine Korrelation zwischen dem mit dem Saccharin verfütterten o-Toluolsulfonamid und dem Auftreten von Blasenkrebs bei den Versuchstieren konnte nicht hergestellt werden, trotzdem ist der Verdacht schädigender Wirkung nicht ausgeräumt. Das heißt, daß auch beim schon traditionell angewendeten Saccharin gesundheitliche Bedenken nicht auszuschließen sind. Sie konzentrieren sich aber nicht vorrangig auf den Süßstoff, sondern seine Verunreinigung o-Toluolsulfonamid. Die WHO

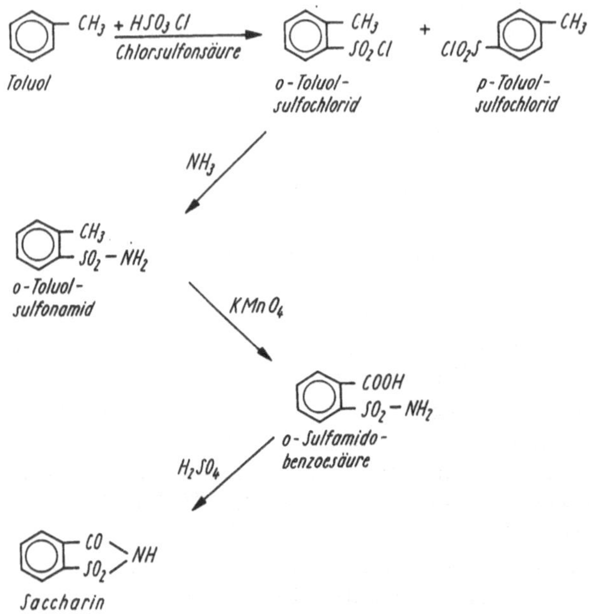

Abb. 11. Saccharinsynthese

hat bei der Neufestlegung der Reinheitsanforderungen für Saccharin einen höchstzulässigen Gehalt an Toluolsulfonamid (ortho- und para-Isomeren) von 100 ppm festgelegt [59]. Ein echter Beweis für die gesundheitsschädigende Wirkung des o-Toluolsulfonamids fehlt allerdings bis heute. Es gibt nämlich im Saccharin neben dem o-Toluolsulfonamid eine Reihe weiterer Verunreinigungen. Wenn aber darunter auch nur eine wäre, die für carcinogene oder andere gefährlich-toxische Eigenschaften verantwortlich ist, und diese eine würde bei der Entfernung des o-Toluolsulfonamids mitentfernt, dann wäre schon allein aus diesem Grunde die Beseitigung des o-Toluolsulfonamids eine toxikologisch gerechtfertigte und notwendige Forderung.

o-Toluolsulfonamid ist eine produktionsbedingte Verunreinigung, die weder durch Umsetzung des Saccharins im Lebensmittel noch im Organismus als Metabolit entstehen dürfte. Deswegen ist es anders zu beurteilen als Verunreinigungen, die sowohl herstellungsbedingt sind als auch durch Veränderung des Süßstoffs im Lebensmittel selbst oder durch Umwandlung im Organismus entstehen.

Ein weiteres bedeutsames Beispiel für die Rolle von Verunreinigungen ist Diketopiperazin in dem neuartigen Süßstoff l-Asparagyl-L-Phenylalanin-Methylester

Aspartame (APM)

— abgekürzt APM —. APM galt von Anfang an als eine toxikologisch harmlose Substanz. Bisher haben alle toxikologischen Untersuchungen diese Annahme bestätigt. APM wurde in den USA unter der Bezeichnung Aspartame als Lebensmittelzusatzstoff zunächst genehmigt [60]. Ungenügend geklärt ist aber bis heute die toxikologische Bedeutung des Diketopiperazins, einer regelmäßig auftretenden Verunreinigung des Süßstoffs [54].

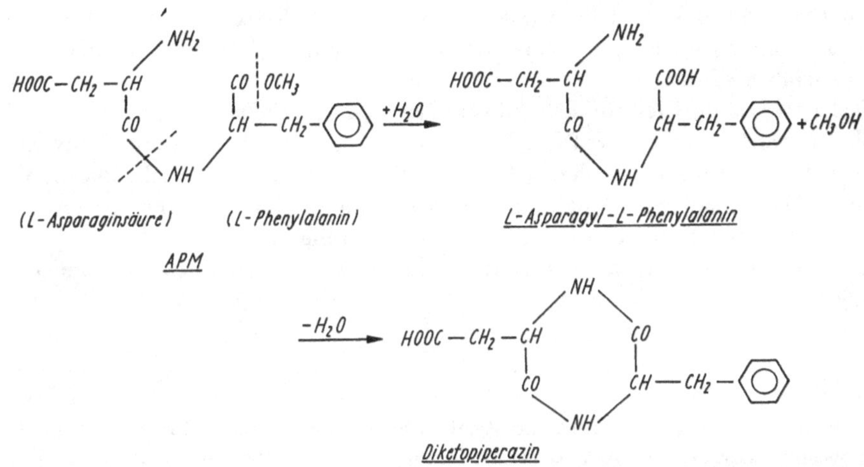

Abb. 12. Diketopiperazinbildung aus APM

Diese Verbindung fällt nicht nur als Nebenprodukt der APM-Herstellung an, sondern sie entsteht außerdem durch langsame Umwandlung des Süßstoffs in Lösungen. Als Umwandlungsprodukt spielt es mengenmäßig sogar eine weitaus größere Rolle als die herstellungsbedingte Verunreinigung. Nun sind aber bis jetzt lediglich toxikologische Tierexperimente mit frisch zubereiteten APM-Futtermischungen bekannt geworden, so daß zwar das herstellungsbedingte Diketopiperazin automatisch mitberücksichtigt worden ist, nicht aber das durch Umwandlung sekundär entstandene. Es besteht demzufolge Unsicherheit hinsichtlich der möglichen gesundheitlichen Folgen, die dazu geführt hat, daß in den USA die Zulassung für Aspartame zunächst wieder zurückgezogen worden ist [61]. Wenn APM seitens der WHO für die Zulassung empfohlen wird — und dies ist anzunehmen — dann dürfte es lediglich für nichtflüssige Lebensmittel in Frage kommen, in denen Diketopiperazin praktisch nicht entsteht.

Die Erörterungen und Beispiele zum Reaktionsverhalten von gefährlichen oder doch bedenklichen Stoffen in unserer Lebensumwelt sollten belegen, daß es mit der einfachen Betrachtung einzelner Fremdstoffe nicht getan ist. Chemische Ursachenerforschung und das toxikologische Tierexperiment müssen sich ergänzen, um die notwendigen Aufschlüsse über das Toxizitätsverhalten einer oder mehrerer

Substanzen optimal zu gestalten. Dabei ist bei den vorliegenden Betrachtungen noch ein erschwerender Gesichtspunkt unberücksichtigt geblieben, nämlich der der Kombinationseffekte, die — als Coergismen [62] bezeichnet — die Beurteilungsmöglichkeiten weiter komplizieren.

Man kann Begleitumstände des technischen Fortschritts und damit auch Zusatzstoffe nicht verteufeln, ohne den absehbaren Nutzen gegen das Restrisiko abgewogen zu haben. In zahlreichen Fällen muß man sich dazu entschließen, ein derartiges Risiko zu tragen. Der sichere Vorteil muß das mögliche Restrisiko jedoch um ein Vielfaches überwiegen. Es kann von ökonomischen und anderen wirtschaftspolitischen Erwägungen beeinflußt werden, aber muß jedoch technisch unvermeidbar sein und so klein bleiben, daß eine Gefährdung der menschlichen Gesundheit unwahrscheinlich wird.

Diskussion und Urteilsfindung müssen frei von emotionalen Argumenten und Globalansprüchen einzelner Disziplinen bleiben. Der rasche Erkenntniszuwachs zwingt zur Überprüfung früher getroffener Entscheidungen in regelmäßigen Abständen. Wenn man diese Möglichkeiten nicht einräumt, dann ist eine übervorsichtige Verfahrensweise, die den Fortschritt hemmt, oft die Folge.

Dies aber sollte — trotz aller Fakten, die zur Vorsicht mahnen — vermieden werden.

Literatur

[1] Schwarz, K.: In: Trace Element Metabolism in Animals Bd. 2, Proceedings of the second International Symposium on Trace Element Metabolism in Animals. University Park Press, Baltimore, London und Tokyo 1974, S. 371.

[2] Luckey, T. D., B. Venugopal, D. Hutcheson: Heary Metal Toxicity Safety and Hormology. Georg Thieme Publishers, Stuttgart. Academic Press, New York, San Francisco und London 1975, S. 5.

[3] Henschler, D.: Angew. Chem. **85**, 317 (1973).

[4] Engst, R., M. Kujawa: Nahrung **11**, 751 (1967).

[5] Engst, R., M. Kujawa: Nahrung **12**, 783 (1968).

[6] Franzke, Cl., M. Kujawa, R. Engst: Nahrung **14**, 339 (1970).

[7] Kujawa, M., R. Engst: Nahrung **14**, 347 (1970).

[8] Riemschneider, R.: Pharmazie, 9. Beiheft, 1. Ergänzungs-Bd. S. 651 (1950).

[9] Matsumura, F., T. Narahashi: Biochem. Pharmacol. **20**, 825 (1971).

[10] Mullins, L. J.: Chem. Reviews **54**, 289 (1954).

[11] O'Brien, R. D., F. Matsumura: Science **146**, 657 (1964).

[12] Kujawa, M., R. M. Macholz, R. Engst: Nahrung **18**, K 25 (1974).

[13] Engst, R., R. M. Macholz, M. Kujawa: Nahrung **20**, 83 (1976).

[14] Engst, R., R. M. Macholz, M. Kujawa, H.-J. Lewerenz, R. Plass: J. Environment. Sci. Health B **11**, 95 (1976).

[15] Mullins, L. J.: Science **122**, 118 (1955).

[16] Gallagher, M. J., D. Jenkins: In Topics in Stereochemistry Vol. 3, Eliel, E. L., u. N. L. Allinger, Eds., Interscience, New York, 1968, S. 1.

[17] Sillerpie, P., F. Ramirez, I. Ugi, D. Marquarding: Angew. Chem. Int. Ed. **12**, 91 (1973).

[18] Dedek, W., H. Schwarz: Atompraxis **12**, 603 (1966).
[19] Lohs, Kh., G. W. Fischer, W. Dedek: Sitzungsberichte der AdW der DDR 1976, Nr. 11 N.
[20] Anonym: Food Cosmet. Toxicol. **12**, 765 (1974).
[21] Menn, J. J., J. B. McBain: Residue Reviews **53**, 35 (1974).
[22] Fishbein, L.: Chromatogr. Rev. **13**, 83 (1970).
[23] Wood, J. M., F. S. Kennedy, C. G. Rosen: Nature **220**, 173 (1968).
[24] Wood, J. M., M. W. Penley, R. E. Desimone: Techn. Rep. Ser. Nr. 137, International Atomic Energy Agency, Wien **1972**.
[25] Truhaut, R., C. Boudene: Ann. Falsificat. Expertise Chim., Paris **56**, 225 (1963).
[26] Takeda, M., K. Isobe, T. Nigo, H. Tanabe, I. Kawashiro: J. Food Hyg. Soc. Japan **12** (3), 152 (1971).
[27] Takeda, M., K. Isobe: J. Food Hyg. Soc. Japan **12** (3), 160 (1971).
[28] Isobe, K., M. Takeda, H. Tanabe, I. Kawashiro: J. Food Hyg. Soc. Japan **12** (3), 156 (1971).
[29] Preussmann, R.: In: Handbuch der allgemeinen Pathologie, Bd. 6, 6. Teil Geschwülste — Tumors II. Springer- Verlag, Berlin, Heidelberg und New York 1975, S. 421.
[30] Sen, N. P., B. A. Donaldson, B. A. Charbonneau, C. Miles: J. agric. Food Chem. **22**, 125 (1974).
[31] Panalaks, T., J. R. Iyrengar, B. A. Donaldson, W. F. Miles, N. P. Sen: J. Assoc. off. analyt. Chemists **57**, 806 (1974).
[32] Hoffmann, D., S. S. Hecht, R. M. Ornaf, T. C. Tso, E. L. Wynder: IV — IARC-Tagung, Tallin, 1975.
[33] Hoffmann, D., G. Rathkamp, Y. Y. Lin: N-Nitroso-Compounds. IARC Newsletter **4**, 29 (1974).
[34] Morie, G. P., C. H. Sloan: Beitr. Tabakforsch. **7**, 61 (1973).
[35] Hill, M. J., G. Hawksworth, G. Tattersall: Brit. J. Cancer **28**, 562 (1973).
[36] Hawksworth, G., H. J. Hill, G. Gordillo, C. Ceuello: N-Nitroso-Compounds, IARC Newsletter **5**, 33 (1974).
[37] Fong, Y. Y., W. C. Chan: Food Cosmet. Toxicol. **14**, 95 (1976).
[38] Lang, K.: Alimenta **15**, 111 (1976).
[39] Mirvish, S., S. Arnold, E. Conrad, P. Ghardirian, V. R. C. Komminени, J. Same: IARC Scientific Publ. **9**, 67 (1974).
[40] Fritz, W., W. J. Uhde: Vorkommen und lebensmittelhygienisch-toxikologische Einschätzung von N-Nitrosoverbindungen, Studie, Zentralinstitut für Ernährung der AdW der DDR, Bergholz-Rehbrücke 1976.
[41] Osske, G.: Arch. Geschwulstforsch. **39**, 62 (1972).
[42] Sander, J., F. Schweinsberg, H. P. Menz: Hoppe-Seyler's Z. physiol. Chem. **349**, 1691 (1968).
[43] Ziebarth, D.: IARC Scientific Publ. **9**, 137 (1974).
[44] Druckrey, H., G. Blum, S. Ivankovic: Naturwissenschaften **50**, 99 (1963).
[45] Sander, J.: Arzneimittel-Forsch. **21**, 1572 (1971).
[46] Magee, P. N., J. M. Barnes: Adv. Cancer Res. **10**, 163 (1967).
[47] Magee, P. N.: Ann. New York Acad. Sci. **163**, 717 (1969).
[48] Krüger, F. W., B. Bertraum, G. Eisenbrand: Z. Krebsforsch. **85**, 125 (1976).
[49] Ziebarth, D., G. Scheunig: IV — IARC-Tagung, Tallin, 1975.
[50] Audrieth, L. F., M. Sveda: J. org. Chemistry **9**, 89 (1944).

[51] Wagner, K.-H., E. Wagner-Hering: Die Pathophysiologie der Cyclamatverbindungen, des Saccharins und anderer Süßstoffe. Hippokrates Verlag, Stuttgart, 1972, S. 19.
[52] Price, J. M., C. G. Biara, B. L. Oser, E. L. Vogin, I. Steinfeld, H. L. Ley: Science **167**, 1131 (1970).
[53] Anonym: Chem. Engng. News **54**, H. 21, S. 8 (vom 17. 5. 1976).
[54] WHO Techn. Rep. Ser., Nr. 576, 19th Report of the Joint FAO/WHO Expert Committee on Food Additives, Genf 1975.
[55] Golberg, L., C. Parekh, A. Patti, K. Soike: Toxicol. appl. Pharmacol. **14**, 654 (1969).
[56] Wagner, K.-H., E. Wagner-Hering: Die Pathophysiologie der Cyclamatverbindungen, des Saccharins und anderer Süßstoffe, Hippokrates Verlag, Stuttgart, 1972, S. 45.
[57] Druckrey, H.: Z. Krebsforsch. **60**, 344 (1955).
[58] Stavric, B., R. Lacombe, J. R. Watson, I. C. Munro: J. Assoc. off. analyt. Chemists **57**, 678 (1974).
[59] WHO Food Add. Ser. Nr. 7, Genf 1976.
[60] Morris, J. A.: Lloydia **39**, 25 (1976).
[61] Food and Drug Administration der USA, Federal Register, 26. 7. 1974.
[62] Scheler, W.: Grundlagen der Allgemeinen Pharmakologie. VEB Gustav Fischer Verlag, Jena 1969.

FSC
www.fsc.org
MIX
Papier | Fördert gute Waldnutzung
FSC® C083411

Zeitfracht Medien GmbH
Ferdinand-Jühlke-Straße 7
99095 Erfurt, Deutschland
produktsicherheit@kolibri360.de